AF836542

Heinz Grundel / Dr. Pasquale Piturru

# Notfallbuch für den Hund

## Kleiner Leitfaden zur Ersten Hilfe

Konrad-Zuse-Straße 3, D-54552 Nerdlen/Daun
Telefon: 06592 957389-0
Telefax: 06592 957389-20
www.kynos-verlag.de

Gedruckt in Lettland
9. Auflage 2024

ISBN 978-3-95464-016-4
Alle Illustrationen von Heinz Grundel

# Inhaltsverzeichnis

# Einleitung

Mit einem Hund zusammen zu leben bedeutet die Übernahme einer Verantwortung, die nicht mit der Verabreichung von Nahrung und Zuneigung endet, sondern auch besonders den Schutz und die Sicherung der Gesundheit beinhaltet. Während der gesamten Lebenszeit eines Hundes kann auch bei dem gesundesten Tier vorkommen, dass ihm eine Tablette verabreicht oder einfach nur die Temperatur gemessen werden muss.

So müssen wir in der Lage sein, kleine Eingriffe bei unseren Freunden durchzuführen, die schon im frühen Alter daran gewöhnt werden sollen, diese bereitwillig zu akzeptieren. Festigkeit, Ruhe und Sanftheit sind das Geheimnis, um eine zufriedenstellende Zusammenarbeit zu erreichen. So erkennen die Tiere, dass diese kleinen Notwendigkeiten nur zu ihrem Besten geschehen.

Kenntnisse in der Ersten Hilfe können nicht nur für Ihr Haustier, sondern auch gegenüber anderen Hunden nützlich sein. Die rechtzeitige Intervention kann oft Leben retten. Manchmal sind unmittelbar nach dem Unfall durchgeführte Maßnahmen entscheidend für die positive Auflösung des Traumas.

Dafür muss man nicht unbedingt Mediziner sein; man sollte aber mit Bedacht handeln und einfache Erste-Hilfe-Regeln befolgen.
Den Tierarzt ersetzt es aber keinesfalls!
Keine Verabreichung von Hausmitteln oder Medikamenten ohne tierärztliche Konsultation; auch wenn diese von Verwandten oder Freunden empfohlen worden sind.
Im Falle von Unfällen oder Krankheiten beobachten Sie bitte sorgfältig das Verhalten des Hundes, um in der Lage zu sein, dem Tierarzt möglichst genaue Informationen zu geben.
Wenn der Hund erbricht oder Durchfall hat, versuchen Sie, dem Tierarzt eine Probe mitzubringen. Es könnte für die Diagnose sehr hilfreich sein.

Dr. med. vet. Pasquale Piturru
Fachtierarzt für Kleintiere
Fachtierarzt für Verhaltenskunde
Tierschutzkunde, Verhaltenstherapie
Master of Small Animal Science

# Korrektes Verhalten in Notfallsituationen

Die durch einen Laien durchgeführte Erste Hilfe sollte nur den Zweck haben, die Verbesserung der Bedingungen bis zur Intervention eines Fachmannes zu ermöglichen.

Bewahren Sie Ruhe! Bevor Sie den Hund zum Tierarzt transportieren, achten Sie darauf, ob das Tier gut atmet, ggf. blutet und ob der Herzschlag vorhanden ist.

Ein traumatisierter Hund kann auch aufgrund von Schmerzen und Angst unkontrollierte Reaktionen zeigen. Bitte nähern Sie sich deshalb langsam und sprechen ihn leise an.

Versuchen Sie, den Hund ruhig zu halten und nicht zuzulassen, dass es zu abrupten Bewegungen kommt.

# Wichtige Telefonnummern

| | |
|---|---|
| Name des Hundes | |
| Adresse | |
| | |
| Tasso-Nummer | |
| Telefon Tierarzt | |
| Telefon Notdienst | |
| Giftnotrufzentrale | |
| | |
| | |

Sehr hilfreich für unterwegs ist die Smartphone-App ***„Vetfinder“***, die den jeweils nächstgelegenen Tierarzt anzeigt.

# Checkliste Telefongespräch

- WAS ist passiert?
- WANN ist es passiert?
- WO ist es passiert?
- Welche äußerlich sichtbaren Verletzungen liegen vor?
- Ist der Hund bei Bewusstsein / ansprechbar?
- Weitere außergewöhnliche Anzeichen?
- Wie sind Puls, Atmung, Schleimhautfarbe?

# Normalwerte eines Hundes

**Körpertemperatur:** 37,5 bis 39,0 °C, Welpen bis 39,5 °C

**Atemfrequenz:** große Hunde ca. 10 bis 30 Atemzüge/Minute,
kleine Hunde und Welpen ca. 30 bis 50 Atemzüge/Minute

**Puls** (Herzfrequenz): 70 - 130 Schläge/min.
Kleine Rassen bis 180 Schläge/min. Welpen bis 220 Schläge/min.
Tastbar an Innenschenkel oder am Herzen (hinter Ellebogen)

**Schleimhäute:** blassrosa

Bei körperlicher Anstrengung steigen diese Werte unterschiedlich stark an bzw. werden die Schleimhäute kräftig rosarot.

**Kapillarfüllzeit:** Zeit, die es dauert, bis sich eine durch Fingerdruck auf die Schleimhaut entstandene weiße Stelle wieder rosa färbt.
Normalwert: 3 Sekunden

# Temperatur messen

- Die Spitze des Thermometers mit etwas Vaseline oder Speiseöl anfeuchten, um es gleitfähiger zu machen.
- Den Schwanz des Hundes anheben und das Thermometer vorsichtig etwa 1 cm tief in den After einführen.
- Thermometer schräg halten, damit die Spitze die Darmwand berührt. Die gemessene Temperatur ist sonst zu niedrig.
- Je nach Thermometer nach ca. 1 Minute die Temperatur ablesen.

# Der Erste-Hilfe-Koffer

Augentropfen

Isotonische Kochsalzlösung
(zur Wundreinigung)

Kältespray bei Blutergüssen und Schwellungen
(nicht auf Schleimhäute)

Dreiecktuch

Elastische Binde

Fieberthermometer

Kompressen

Mullbinden

Notfalltropfen

Pflasterrolle

Pinzette

Rettungsdecke

Einmalhandschuhe

Selbstklebender Verband

Verbandschere

Watte

Wundsalbe

Zeckenzange

Cold Pack / Wärmepad

Einmalrasierer

# Transport

Wenn der Hund zu schwer ist, um ihn zu tragen, kann er in einer selbstgebauten Trage transportiert werden. Als Transportmaterial eignet sich z.B. eine Decke. Die Decke vorsichtig unter den Hund ziehen.

Nun kann er von zwei Personen zu einem Tierarzt oder an einen ruhigen Ort transportiert werden. Bei schweren Hunden sollte man die Seiten der Trage mit Stöcken oder Latten stabilisieren oder eine Tischplatte verwenden.

Kleine Hunde beim Tragen unter dem Bauch stützen.

Bei Wirbelsäulenverletzungen Aufliegen des Rückens verhindern.

# Maulschlinge

Die Maulschlinge ist ein provisorischer Maulkorb. Sie soll verhindern, dass der Hund nach dem Helfer schnappt.
Auch sonst brave Hunde können sogar ihnen vertraute Personen beißen, wenn sie Schmerzen und Angst haben.

Das Band um die Schnauze führen und über die Nase zuziehen.
Beidseitig unter die Schnauze führen, überkreuzen und hinter dem Nacken festbinden.

# Den Hund fixieren

Den Hund auf die Seite legen. Das unten liegende Gliedmaßenpaar am Boden festhalten, um ein Aufspringen des Hundes zu verhindern.

# Schock

Der Schock ist ein komplexes Kreislaufversagen. Es kommt zu einer Blutsenkung. Dadurch werden nur die lebensnotwendigsten Organe des Hundes genügend durchblutet. Die Haut kühlt aus.

## Symptome

Sehr schneller, zuerst pochender, später schwacher Puls; Untertemperatur, kühle Haut, blasse Schleimhäute (Kapillarfüllzeit länger als 3 Sek., siehe S. 10), vertiefte und beschleunigte Atmung (Hyperventilation)

## Was ist zu tun?

- Hund auf die Seite legen (Hinterteil erhöht)
- Atemwege überprüfen
- Blutungen stillen
- Hund in Decke wickeln
- Schneller Transport zum Tierarzt

**Sofort zum Tierarzt**

# Wiederbelebungsmaßnahmen

Bei Atem- und/oder Herzstillstand

- Atemwege freilegen/freihalten
- Beatmung Mund zu Nase (bei gleichzeitigem Herzstillstand: je 2 x Beatmung, 5 x Herzmassage)
- Herzmassage 20 x pro 15 Sekunden

Kleine Hunde: rechte Seitenlage, mit linker Hand in Höhe Herz Brustkorb zusammendrücken

Mittelgroße Hunde: rechte Seitenlage, Hände im Winkel überkreuzen, Brustkorb in Höhe Herz zusammendrücken

Große Hunde: Rückenlage, überkreuzte Hände, auf den Brustkorb zusammendrücken

# Stabile Seitenlage

Mit der stabilen Seitenlage wird der Körper des Hundes in eine Position gebracht, bei der die Atemwege freigehalten werden.

- Der verletzte Hund soll in eine körperlich optimale Lage gebracht werden
- Die Schnauze muss der tiefste Punkt des flach liegenden Hundes sein und die Zunge heraushängen.
- Bei Bewußtlosigkeit können so Erbrochenes und Blut auflaufen.

# Verband anlegen

# Abbinden

Bei starken arteriellen Blutungen an den Gliedmaßen (hellrotes Blut spritzt aus der Wunde) das Bein bis zum Eintreffen beim Tierarzt oberhalb der Wunde abbinden.

**Achtung** – die Schlinge nicht zu fest zuziehen, zwischendurch immer wieder mal vorsichtig lockern und nicht länger als 30 Minuten am Bein lassen, da es sonst zum Absterben von Gewebe kommen kann.

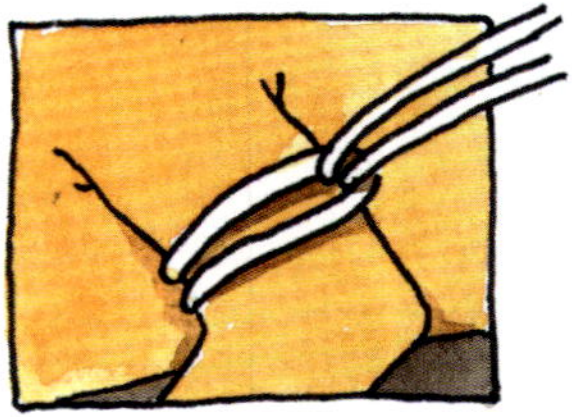

# Druckverband bei starken Blutungen

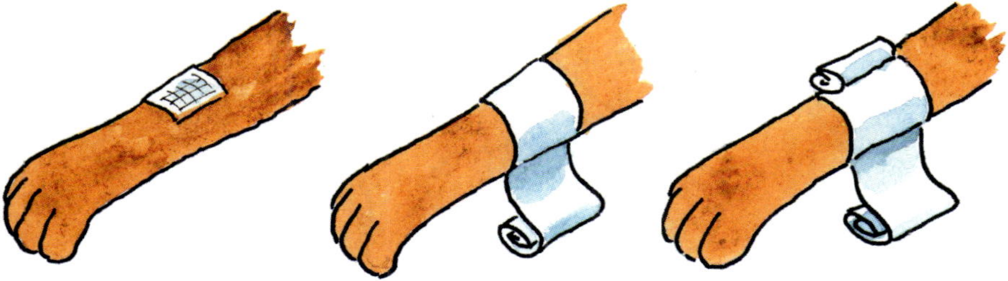

- Abdecken mit steriler Wundauflage
- Mit 1 - 2 Lagen Mullbinde umwickeln
- Aufgerollte Mullbinde auf den Wundbereich als Druckpolster legen
- Mit Mullbinde weiter fixieren

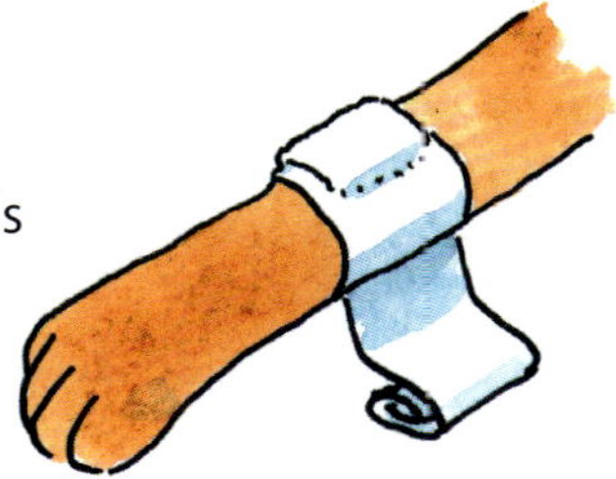

# Pfotenverband

- Gaze auf gereinigte und desinfizierte Wunde legen
- **WICHTIG!** Zwischenzehenräume mit Watte abpolstern
- Verbandsmaterial von Pfote aufwärts anlegen
- Mit Klebeband fixieren

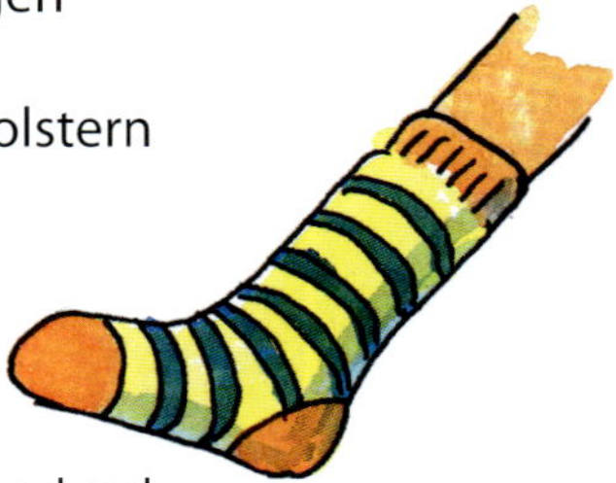

Eine Socke hilft manchmal
gegen Abknabberversuche.

# Knochenbrüche

**Sofort zum Tierarzt**

Mögliches Material für Schiene:
Stock, Lineal, zusammengerollte Zeitschrift, Fußmatte.

**Geschlossener Bruch** (Haut ist unverletzt)
Sehr schmerzhaft; Funktionsausfall
Evtl. kühlen und/oder schienen

**Offener Bruch** (Haut ist verletzt)
Abdecken mit sterilen Wundkompressen
Weich, stabil lagern

## Kopfverband

Bei Schnitten / Bissen im Kopfbereich oder an den Ohren

## Was ist zu tun?

- Blutungen mit Hilfe eines Tupfers und Druck stillen
- Wundkompresse mit Klebestreifen am Ohr festkleben
- Polsterwatte auf den Kopf legen
- Das Ohr darüberklappen
- Auf die Innenseite des Ohres (liegt nun außen) einen Tupfer legen (evtl. mit Klebestreifen befestigen)
- Das Ohr mit einer Mullbinde fixieren

# Tabletten geben

Mit der Hand die Schnauze des Hundes von oben umfassen und mit Daumen und Zeigefinger die Oberlippe des Hundes zwischen Eck- und Backenzähnen in die Mundhöhle drücken. Der Hund wird die Schnauze öffnen.

Die Tablette möglichst weit nach hinten auf die Zunge schieben und dann die Schnauze zuhalten.

Den Kopf etwas anheben und mit einer freien Hand mehrmals an der Kehle abwärts streicheln, um einen Schluckreflex auszulösen. Wenn das Tier zu schlucken beginnt, die Schnauze loslassen.

Alternativ Tabletten in Wasser auflösen und mit einer Spritze ohne Nadel seitlich ins Maul geben.

# Augentropfen geben

Den Kopf des Hundes festhalten, die Schnauze mit Daumen und Zeigefinger umfassen und gleichzeitig das untere Augenlid leicht herunterziehen. Mit der anderen Hand das Medikament von etwa 2 cm Entfernung ins Auge tropfen.

Wenn der Hund unruhig ist oder sich wehrt, einen Helfer hinzuziehen.

# Ungewöhnliches Verhalten

Wenn der Hund sich ungewöhnlich verhält ...
z.B. übermäßigen Durst hat, scheinbar ohne Grund sein Futter verweigert, sich ständig kratzt, häufig die Ohren schüttelt oder apathisch ist, kann es ein Hinweis auf eine Erkrankung sein.

Der Hund sollte so bald wie möglich zu einem Tierarzt gebracht werden.

# Insektenstiche

## Symptome

Schwellung am Kopfbereich oder Lippe des Hundes, Nesselausschlag, Hund leidet unter Atemnot.

## Was ist zu tun?

Den Stachel entfernen und die Einstichstelle mit Essigwasserkompressen kühlen.

! Wenn der Hund im Maul gestochen wurde oder das Insekt verschluckt hat, sollte wegen der Erstickungsgefahr umgehend ein Tierarzt aufgesucht werden.

# Blutstillung

## Was ist zu tun?

- **Leichte Blutungen**
  Blutungen, bei denen keine größeren Gefäße verletzt sind (Schürfwunden und oberflächliche Schnittwunden, bei denen die Wunde nicht klafft), werden am besten durch gleichbleibenden, mehrere Minuten andauernden Druck gestoppt.

  Die Wunde nicht reinigen, eh die Blutung gestoppt ist.

- **Stärkere Blutungen**
  Ist die Blutung mit einfachem Druck nicht unter Kontrolle zu bringen, Druckverband (s.S. 25) anbringen und schnellstmöglich einen Tierarzt aufsuchen.

**Achtung:**
Tiefe und klaffende Wunden nicht desinfizieren, da der Tierarzt sonst nicht mehr nähen kann. Nur Blutung stillen und so schnell wie möglich zum Tierarzt fahren.

# Akuter Durchfall

## Symptome

Wässriger Kot, gelbbraun bis blutig teils mit Schleim
Häufiger Kotabsatz, der Hund ist apathisch

## Was ist zu tun?

- 12 - 18 Stunden lang nicht füttern, aber Wasser bereitstellen
- Anschließend zweitägige Diät aus magerem gedünsteten Fleisch (Hühnerfleisch), Reis, Nudeln, Karotten
- Leichten Tee oder Elektrolytlösung geben
- Warm halten
- Keine Medikamente geben
- Kotproben zum Tierarzt bringen
- Bei schwerem Durchfall oder gestörtem Allgemeinbefinden sofort zum Tierarzt!

# Hitzschlag

Viele Hunde erleiden jedes Jahr im Sommer einen Hitzschlag, weil sie im geparkten Auto zurückgelassen werden.

## Temperaturentwicklung im Auto:

| Außen-temperatur | Innen-temperatur | | | |
|---|---|---|---|---|
| | nach 5 min | nach 10 min | nach 30 min | nach 60 min |
| 22° | 26° | 29° | 38° | 48° |
| 26° | 30° | 33° | 42° | 52° |
| 30° | 34° | 37° | 46° | 56° |
| 34° | 38° | 41° | 50° | 60° |
| 38° | 42° | 45° | 54° | 64° |

## Symptome

Hohe Körpertemperatur, starkes Hecheln, hochrote Schleimhäute, Krämpfe

## Was ist zu tun?

- Den Hund sofort in den Schatten bringen
- Reichlich Wasser zu trinken geben
- Wenn genügend Wasser vorhanden ist, den Hund **langsam** damit abkühlen
- Den Hund nie direkt ins Wasser werfen

# Erfrierung / Unterkühlung

## Symptome

Erweiterte, starre Pupillen, Muskelsteifheit, Zittern, Puls unter 70 Schläge die Minute, unter 10 Atemzüge die Minute, die Haut löst sich schuppig ab

## Was ist zu tun?

- Den Hund in eine Decke oder ein Kleidungsstück wickeln und **langsam** aufwärmen
- Wenn man eine Wärmflasche verwendet, muss sie in ein Tuch gewickelt werden
- Kalten Bohnenkaffee einflößen (2 - 5 ml pro 10 kg Körpergewicht)

**WICHTIG:**
Wärmezufuhr nicht zu schnell – SCHOCK DROHT!

# Verbrennungen

## Was ist zu tun?

- Betroffene Körperstelle sofort unter fließend kaltem Wasser 10 - 15 Minuten lang kühlen
- Nicht auf der Wunde reiben
- Eisbeutel oder Kühlakku auf die Wunde legen (kein direkter Hautkontakt – Erfrierungsgefahr)
- Die Verletzung mit einem sterilen Tupfer oder sauberen Stoff (keine Watte) trockentupfen
- Bei starken Verbrennungen in Kochsalzlösung getränkte sterile Gaze auf die Wunde legen und sofort zum Tierarzt!

! **KEINE** Salben, Öle oder Butter verwenden und die Brandblasen **NICHT** aufstechen!

# Wundgelaufene Pfoten

## Was ist zu tun?

- Pfoten mit kaltem Wasser säubern und kühlen
- Nach Aufbringen einer Wundsalbe reicht es mitunter schon, den Hund in den nächsten Tagen so wenig wie möglich laufen zu lassen
- Wenn nötig, dem Hund einen Hundeschuh anziehen, um Verschmutzung und Irritation durch Lecken zu verhindern

# Magendrehung

## Symptome

- Unruhe, Hecheln
- Speicheln, Versuch zu erbrechen
- Bretttharte, gespannte Bauchdecke (sog. Trommelbauch)
- Es kommt zur Abschnürung lebenswichtiger Blutgefäße
  SCHOCK DROHT!

## Was ist zu tun?

Sofort zum Tierarzt, auch bei Verdacht, es zählt jede Minute.

Der Hund muss operiert werden.

**Sofort zum Tierarzt**

# Vergiftung

## Symptome

Bewusstseinsänderungen, Taumeln, Krämpfe, Erbrechen, Durchfall, Husten, Atemnot, Schocksymptome, blasse Schleimhäute

## Was ist zu tun?

- Wenn die Giftaufnahme beobachtet wird, sofort weitere Aufnahme verhindern
- Bei äußeren Verätzungen: mit viel Wasser spülen
- Bei inneren Verätzungen: Maul ausspülen, schluckweise (kein Erbrechen auslösen) klares Wasser
- Niemals Erbrechen auslösen wenn das Gift nicht bekannt ist und bei ätzenden Substanzen
- Giftreste o. Verpackungen sichern und mit zum Tierarzt nehmen

**Sofort zum Tierarzt**

# Fremdkörper im Schlund

## Symptome

Der Hund würgt und versucht sich zu erbrechen. Er reibt sich ständig an der Schnauze, leeres Schlucken, laute Atemgeräusche, Atemnot

## Was ist zu tun?

- Kleine Hunde an den Hinterfüßen packen und vorsichtig nach unten schütteln
- Große Hunde hinter dem Brustkorb hochheben und vorsichtig Oberkörper nach unten schütteln

# Bissverletzungen

## Symptome

Schmerzhafte Stellen und Blutspuren am Fell, auf eventuellen Gegenbiß achten (Unter- und Oberkiefer)

## Was ist zu tun?

- Verhindern, dass der Hund an der Wunde leckt
- Blut stillen
- Haare entfernen
- Wunde reinigen und desinfizieren
- Verbinden
- Am besten Tierarzt aufsuchen

# Prellungen / Verstauchungen

## Symptome

Schmerzen durch Berührung oder vorsichtiges Abtasten, Schwellung, Lahmheit

## Was ist zu tun?

- Ruhig und bequem lagern
- Eisbeutel auflegen oder kalte Umschläge machen, Kältespray
- Nicht belasten
- Zum Tierarzt bringen

# Verletzungen mit Fremdkörpern

## Was ist zu tun?

- Kleine Fremdkörper mit Pinzette entfernen
- Größere Fremdkörper immer stecken lassen!
- Gut gepolstert, nicht zu fest verbinden, Fremdkörper integrieren
- Zum Tierarzt bringen

# Erbrechen

## Symptome

Würgen, Erbrechen von Futter, Schleim, weißem Schaum, der Hund bewegt seine Pfote heftig zur Schnauze

## Was ist zu tun?

- Kein Futter oder Wasser anbieten
- Erbricht der Hund erneut, besteht der Verdacht auf Infektionen, Entzündungen oder eingedrungene Fremdkörper
- Möglichst schnell zum Tierarzt

# Reisekrankheit

## Symptome

Starke Unruhe, Speicheln, evtl. Erbrechen

## Was ist zu tun?

- Das Auto sollte stets gut belüftet sein.
- Bei längeren Autofahrten müssen genügend Pausen gemacht und dem Hund immer Wasser gereicht werden.
- Medikamente nur nach Absprache mit einem Tierarzt